My Story
내 손으로 쓰는
나의 인생 이야기

안은진

Re;Start series ❶ 자서전 쓰기

: My Story 내 손으로 쓰는 나의 인생 이야기

2026년 01월 26일 초판 인쇄
2026년 02월 02일 초판 발행

펴 낸 이 ┃ 김정철
펴 낸 곳 ┃ 아티오
지 은 이 ┃ 안은진
기획/진행 ┃ 김미영
마 케 팅 ┃ 강원경
디 자 인 ┃ 박효은
전   화 ┃ 031-983-4092
팩   스 ┃ 031-696-5780
등   록 ┃ 2013년 2월 22일
정   가 ┃ 15,000원
홈페이지 ┃ http://www.atio.co.kr

내 손으로 쓰는
나의 인생 이야기

작성 시작일:　　　　　년　　　　월　　　　일

이　름:

왜 삶을 기록해야 할까요?

지금까지 쉼 없이 걸어온 인생길.

그 속엔 말로 다 못 할 이야기들이 숨어 있습니다.

기뻤던 날, 속상했던 순간, 참았던 눈물과 웃음들.

그 모든 순간이 모여 지금의 나를 만들었습니다.

이 책은 그 길 위에 놓인 기억을 차분히 들여다보는 시간이 될 것입니다.

누군가를 위한 글이기 전에, 스스로에게 건네는 이야기입니다.

내가 어떻게 살아왔는지, 무엇을 아끼고 무엇을 견뎠는지를 하나씩

떠올리며 적어 보는 일, 그것이 바로 삶을 정리하고, 삶을 이해하는 첫걸음입니다.

그리고 언젠가 이 책을 펼쳐볼 누군가에게, 이 기록은 사랑과 지혜, 용기의 흔적

으로 남게 될 것입니다.

삶은 단 한 번이지만, 기록은 그 시간을 다시 살아가게 합니다.

이 책을 쓰는 동안, 그 누구도 대신 쓸 수 없는 소중한 이야기를 조금씩

꺼내어 담아보시길 바랍니다.

살아온 날들의 깊이만큼, 전해줄 이야기도 많습니다.

어떻게 시작하면 좋을까요?

이 책을 쓰는 데에는 정답이 없습니다. 삶이 그러하듯, 글쓰기에도 각자의 흐름과 방식이 있습니다. 어렵게 생각하지 마세요. 단어 하나, 기억 하나만 떠올라도 그걸로 충분합니다.

이렇게 써보세요.
마음이 끌리는 페이지부터 펼쳐보세요. 처음부터 차례대로 쓰지 않아도 됩니다.
짧은 말도 소중합니다. 긴 문장이 아니어도 됩니다. 한마디 말, 하나의 생각만으로도 큰 의미가 담깁니다. 모든 질문에 답하지 않아도 됩니다. 쓰고 싶은 것, 남기고 싶은 이야기만 골라 적어보세요.

이 책은 각 주제가 두 페이지로 구성되어 있습니다.

- 왼쪽 페이지 : 구체적인 정보를 기록하고 간단한 질문에 답하는 방식으로 채워집니다. 기억이 나지 않는 부분은 비워두어도 괜찮습니다.
- 오른쪽 페이지 : 자유롭게 자신의 이야기를 쓰는 공간입니다. 왼쪽 페이지의 정보를 바탕으로 더 깊이 있는 이야기, 느낌, 기억 등을 자유롭게 풀어써 보세요. 형식에 구애받지 않고 자신만의 방식으로 기록하시면 됩니다.

이 책은 '잘 쓰는 것'이 목적이 아닙니다.
살아온 날들을 따뜻하게 돌아보고, 그 이야기를 누군가에게 건네는 일, 그 자체가 가장 아름다운 일입니다. 정갈한 글씨가 아니어도, 완벽한 문장이 아니어도 괜찮습니다. 당신의 인생과 기억이 담긴 이 회고록은 그 자체로 소중한 보물이 될 것입니다.

CONTENTS

나의 시작

🏠 내가 태어난 곳

• 태어난 곳은 어디인가요? _____

• 태어난 날짜는 언제인가요? _____

• 형제·자매 중에서 나는 몇째였나요? _____

🏠 태어날 때 이야기

• 부모님이 들려주신 나의 태몽이나 기억에 남는 이야기가 있나요?

_____

_____

🏠 내 이름의 의미

• 이름을 지어주신 분은 누구이며, 어떤 의미가 담겨 있나요?

_____

_____

• 어릴 적 불렸던 별명이나 애칭이 있다면 무엇이고, 왜 그렇게 불렸나요?

_____

_____

• 내 이름이 마음에 들지 않아 속상했거나, 이름을 바꾸고 싶었던 적이 있었나요?

_____

_____

왼쪽 페이지에 적은 내용을 바탕으로, 부모님이 들려주신 출생 이야기와 이름에 담긴 의미를 자유롭게 적어보세요. 그 시대의 분위기와 가족들의 마음을 떠올리며 천천히 작성해보세요.

🏠 아버지와 어머니

• 아버지와 어머니의 성함은 무엇이며, 가족을 위해 어떤 일을 하셨나요?

〰〰〰〰〰〰〰〰〰〰〰〰〰〰〰〰〰〰〰〰〰〰〰〰

〰〰〰〰〰〰〰〰〰〰〰〰〰〰〰〰〰〰〰〰〰〰〰〰

• 두 분의 성격을 한두 단어로 표현한다면 각각 어떤 말이 어울릴까요?

〰〰〰〰〰〰〰〰〰〰〰〰〰〰〰〰〰〰〰〰〰〰〰〰

〰〰〰〰〰〰〰〰〰〰〰〰〰〰〰〰〰〰〰〰〰〰〰〰

• 두 분과 함께한 순간 중 마음 깊이 남아 있는 추억이 있다면 무엇인가요?

〰〰〰〰〰〰〰〰〰〰〰〰〰〰〰〰〰〰〰〰〰〰〰〰

〰〰〰〰〰〰〰〰〰〰〰〰〰〰〰〰〰〰〰〰〰〰〰〰

🏠 형제자매

• 형제자매는 모두 몇 명이었나요? 〰〰〰〰〰〰〰〰〰〰〰〰

• 그 형제(또는 자매)와 함께한 순간 중 지금도 웃음이 나거나 기억에 남는 장면이 있나요?

〰〰〰〰〰〰〰〰〰〰〰〰〰〰〰〰〰〰〰〰〰〰〰〰

〰〰〰〰〰〰〰〰〰〰〰〰〰〰〰〰〰〰〰〰〰〰〰〰

🏠 가족의 분위기

• 온 가족이 함께 밥을 먹을 때나 명절 때, 우리 집안의 분위기는 어떠했나요?

〰〰〰〰〰〰〰〰〰〰〰〰〰〰〰〰〰〰〰〰〰〰〰〰

왼쪽 페이지에 적은 내용을 바탕으로, 부모님의 모습과 형제자매와의 추억, 그리고 밥상머리에서 함께했던 우리 집만의 이야기를 적어보세요.

어린 시절 첫 기억

🏠 가장 오래된 기억

• 내 머릿속에 남아 있는 가장 오래된 장면은 무엇인가요?

• 그때 나는 어떤 기분이었고, 무슨 생각이 들었나요?

🏠 어린 시절 일상생활

• 어린 시절, 친구들과 주로 어떤 놀이를 했고, 무엇을 가지고 놀았나요?

• 어린 시절, 부모님을 도와드렸던 집안일이나 잊지 못할 심부름이 있나요?

• 도깨비나 밤에 가던 화장실처럼, 어린 시절 무서웠던 것이 있었다면 무엇이었나요?

🏠 어린 시절의 나

• 어린 시절 내가 지녔던 특징이나 버릇이 있었다면 무엇이었나요?

• 가족들이 '다리 밑에서 주워왔다'는 농담을 했던 기억이 있다면 그때 어떤 기분이 들었나요?

왼쪽 페이지에 적은 내용을 바탕으로, 내 기억 속 어린 시절의 풍경을 자유롭게 적어보세요. 친구들과 뛰놀던 골목길, 부모님을 도우며 보내던 어린 시절의 순간들을 떠올리며, 그때의 솔직한 마음을 편안하게 기록해보세요.

자라난 집과 동네

🏠 어린 시절 살았던 집

• 내가 살던 동네는 어디였고, 우리 집은 기와집이나 초가집 등 어떤 모습이었나요?

• 어린 시절 집 안에서 기억나는 장면이나 잊지 못할 물건은 무엇인가요?

🏠 동네 모습

• 어릴 적 친구들과 어울려 자주 뛰놀던 골목길이나 추억의 장소는 어디였나요?

• 동네 입구의 큰 나무나 구멍가게처럼, 우리 동네를 생각하면 가장 먼저 떠오르는 풍경은 무엇인가요?

• 그 시절, 우리 동네만의 행사나 잊지 못할 일이 있었다면 무엇이었나요?

왼쪽 페이지에 적은 내용을 바탕으로, 유년 시절의 무대였던 집과 동네를 떠올려 보세요. 어린 시절 살았던 집 안의 모습과 잊지 못할 물건, 그리고 흙먼지 날리던 골목길의 추억까지, 그 시절 동네에서 겪었던 잊지 못할 사건들을 적어보세요.

초등(국민)학교 시절

🏠 학교 정보

• 내가 다녔던 초등(국민)학교 이름과 위치는 어디였나요?

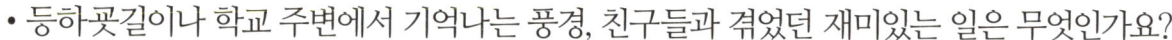

• 집에서 학교까지 어떤 길을 따라 다녔으며, 등하굣길을 함께하던 친구나 가족이 있었나요?

• 등하굣길이나 학교 주변에서 기억나는 풍경, 친구들과 겪었던 재미있는 일은 무엇인가요?

🏠 학교생활

• 점심시간 도시락 반찬은 무엇이었으며, 학교에서 주던 옥수수 빵이나 우유 급식에 대한 기억이 있나요?

• 겨울철 난로를 피우거나 나무 바닥에 왁스칠을 하던 교실 풍경 중 가장 기억나는 장면은 무엇인가요?

• 가을 운동회나 소풍날의 추억 중 지금도 떠오르는 즐거운 순간이 있다면 무엇인가요?

• 학창 시절, 가장 기억에 남는 고마운 선생님 또는 호랑이처럼 무서웠던 선생님이 계셨나요?

왼쪽 페이지에 적은 내용을 바탕으로, 선생님과의 기억, 친구들과의 소중한 추억, 그리고 난로와 도시락으로 기억되는 그 시절 학교생활의 정겨운 모습을 자유롭게 담아 적어보세요.

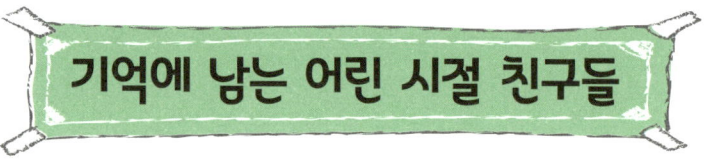

기억에 남는 어린 시절 친구들

🏠 기억에 남는 친구

• 가장 가깝게 지냈던 친구의 이름은 무엇이며, 그 친구는 어떤 성격이나 특징(별명)을 가지고 있었나요?

~~~~~~

~~~~~~

🏠 친구들과의 일상

• 친구들과 함께 꾸몄던 장난이나 사소한 일로 다투고 금세 화해했던 기억이 있나요?

~~~~~~

~~~~~~

• 친구의 집에 놀러 가서 밥을 얻어먹거나, 서로의 집을 오가며 지냈던 추억이 있나요?

~~~~~~

~~~~~~

🏠 시간이 흐른 후

• 지금도 연락하거나 가끔 만나는 어린 시절 친구가 있다면 누구인가요?

~~~~~~

• 지금은 연락하지 않지만, 마음속에 오래 남아 있는 친구가 있다면 누구인가요?

~~~~~~

• 그 친구를 다시 만난다면 어떤 이야기를 하고 싶으신가요?

~~~~~~

왼쪽 페이지에 적은 내용을 바탕으로, 친구들과 함께했던 소중한 시간을 적어보세요. 그 시절의 웃음과 우정, 함께 걷던 골목과 나눈 말들 속에서 친구들이 내 삶에 남긴 의미를 담아보세요.

중학교 시절

🏠 학교 정보와 환경

• 내가 다녔던 중학교 이름은 무엇이며, 처음 교복을 입었을 때의 기분은 어땠나요?

• 까까머리나 단발머리 등 당시 엄격했던 두발 단속이나 복장에 얽힌 추억이 있나요?

🏠 수업과 선생님

• 처음 영어를 배우던 시간이나, 유난히 어려워진 과목 때문에 고생했던 기억이 있나요?

• 기억에 남는 별명을 가졌던 선생님이나, 수업 시간에 있었던 잊지 못할 에피소드가 있나요?

🏠 특별했던 순간들

• 친구들과 함께 떠난 수학여행이나 학교 행사 때 겪었던 잊지 못할 사건은 무엇인가요?

• 마음이 싱숭생숭했던 사춘기 시절, 남몰래 좋아했던 이성 친구나 몰래 쓰던 일기장이 있었나요?

왼쪽 페이지에 적은 내용을 바탕으로, 중학교 시절의 경험을 적어보세요. 선생님과의 관계, 특별했던 순간들, 그리고 새로운 환경에서 느꼈던 감정들을 담아보세요.

고등학교 시절

🏠 학교생활과 환경

• 내가 다녔던 고등학교 이름은 무엇이며, 대학 진학을 위한 인문계였나요? 아니면 취업
  을 위한 실업계(상고/공고 등)였나요?

• 입시를 위해 밤늦게까지 공부를 했거나, 혹은 취업을 위해 주산, 타자, 기술 등을 익혔
  던 기억이 있나요?

🏠 꿈과 진로

• 고등학생 시절, 나는 어떤 꿈을 꾸었나요? 꼭 하고 싶었던 일이나 바랐던 직업이 있었나요?

• 당시 집안 형편이나 성적 등 현실적인 이유로 진로를 고민했거나, 아쉽게 포기해야 했던
  꿈이 있나요?

🏠 기억에 남는 순간들

• 얼룩무늬 교련복을 입고 제식 훈련을 받거나, 땡볕 아래 길게 서 있던 운동장 조회 시
  간이 기억나시나요?

• 학교 앞 분식집이나 빵집, 혹은 음악 감상실에서 친구들과 어울리며 보냈던 특별한 추
  억이 있나요?

왼쪽 페이지에 적은 내용을 바탕으로, 꿈 많고 고민도 깊었던 고교 시절을 적어보세요. 미래를 위해 치열하게 흘린 땀방울, 교복 입고 친구들과 나누었던 낭만, 그리고 가슴 뜨거웠던 청춘의 이야기를 자유롭게 풀어내보세요.

🏠 특별했던 친구

• 사춘기 시절, 부모님께도 말 못 할 고민이나 비밀을 털어놓을 수 있었던 단짝 친구가 있었나요?

• 그 친구의 어떤 점이 나에게 위로가 되었거나, 특별하게 기억되나요?

🏠 함께했던 일상

• 학교가 끝나면 친구들과 주로 어디를 갔으며, 그곳에서 무엇을 하며 시간을 보냈나요?

• 친구들과 모여 유행가를 흥얼거리거나, 함께 따라 하고 싶었던 옷차림(패션)이 있었나요?

🏠 우정의 의미

• 내가 힘들거나 배고팠던 순간, 곁에서 힘이 되어주거나 도시락을 나눠 먹는 등 도움을 준 친구가 있었나요?

• 그 시절 친구들과의 만남을 통해 배운 점이나, 나에게 친구란 어떤 존재였는지 생각해 본 적이 있나요?

질풍노도의 시기를 함께 건너온 친구들을 떠올려보세요. 나의 치기 어린 고민을 들어주던 표정, 함께 흥얼거렸던 유행가, 그리고 배고픈 시절 도시락을 나누던 따뜻한 마음까지, 평생 잊지 못할 우정의 순간들을 기록해보세요.

제2장

청년기와 독립

- 청년기 시작 – 새로운 출발, 사회로의 첫걸음, 정체성 찾기

- 첫 직장과 시련 – 취업과 첫 출근, 직장 생활의 애환, 성장과 적응

- 경제적 독립 – 첫 수입과 경험, 소비와 절약, 재정 계획과 미래

- 가족에 대한 책임 – 가족 안에서의 책임, 포기와 감정, 시간 속의 배움

- 군 복무 경험 – 군대 생활의 시작, 군대에서의 에피소드, 전역과 이후(해당 시)

- 첫사랑 – 첫 마음의 설렘, 함께한 시간, 첫사랑이 남긴 것

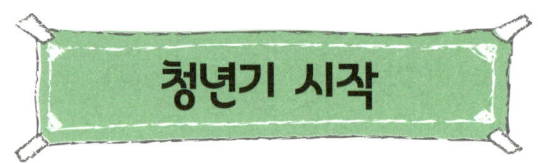

청년기 시작

🏠 새로운 출발

• 성인이 되어 처음 주민등록증을 손에 쥐었을 때, 혹은 당당하게 술이나 담배를 할 수 있게 되었을 때 기분이 어땠나요?

• 스무 살이 되면 꼭 해보고 싶었던 일(연애, 여행, 파마 머리 등)은 무엇이었으며, 실제로 해 보셨나요?

🏠 사회로의 첫걸음

• 통행금지나 장발/미니스커트 단속 등 그 시절 청춘들을 옥죄었던 사회 분위기 속에서 겪은 재미있는 에피소드가 있나요?

🏠 정체성 찾기

• 학업이나 취업을 위해 정든 고향을 떠나 타지로 나갔던 날, 부모님과 헤어지던 순간이 기억나시나요?

• 성인이 된 후, 부모님과 상의하지 않고 스스로 내렸던 가장 기억에 남는 첫 결정은 무엇이었으며, 그 결과는 어떠했나요?

왼쪽 페이지에 적은 내용을 바탕으로, 청년이 되면서 느꼈던 자유로움과 책임감을 적어보세요. 새로운 세상에 대한 호기심과 두려움, 그리고 나만의 길을 찾아가기 시작했던 그 시절의 경험을 담아보세요.

첫 직장과 시련

🏠 취업과 첫 출근

• 나의 첫 직장은 어디였으며, 긴장되었던 첫 출근 날의 풍경이나 다짐이 기억나시나요?

• 입사를 위해 면접을 보거나, 일자리를 구하기 위해 발품을 팔았던 과정이 기억나시나요?

🏠 직장 생활의 애환

• 아침 출근길의 풍경(버스, 도보 등)과 퇴근 후 일상은 어땠나요? 당시 직장인들의 하루 일과를 들려주세요.

• 퇴근길에 동료들과 대포집에서 회포를 풀거나, 서로를 위로해주었던 잊지 못할 추억이 있나요?

🏠 성장과 적응

• 사회 초년생 시절, 직장 선배나 상사로부터 혼나거나 야단맞았던 기억이 있나요? 그때 어떤 마음이었고, 그 경험이 이후에 어떤 도움이 되었나요?

• 처음엔 서툴렀지만 비로소 제 몫을 하게 되었다고 느꼈거나, 상사(혹은 선배)에게 칭찬받아 뿌듯했던 순간은 언제인가요?

왼쪽 페이지에 적은 내용을 바탕으로, 사회라는 낯선 세상에 첫발을 내디뎠던 순간을 적어보세요. 실수투성이 신입 시절의 식은땀, 남몰래 훔쳤던 눈물, 통행금지에 쫓기던 퇴근길, 그리고 고단함을 씻어주던 동료들과의 막걸리 한 잔. 서툴렀지만 치열하게 부딪히며 '진짜 어른'이 되어가던 그 시절을 편안하게 기록해보세요.

경제적 독립

🏠 첫 수입과 경험

• 내 힘으로 번 첫 월급봉투를 받았을 때의 기분은 어땠으며, 그 돈은 어디에 가장 먼저 썼나요?

• 첫 월급으로 부모님께 빨간 내복이나 선물을 사드렸을 때, 부모님의 반응은 어떠셨나요?

🏠 소비와 절약

• 월급을 쪼개어 붓던 '적금'이나 '계', 혹은 목돈을 만들기 위해 안 쓰고 안 입으며 버텼던 기억이 있나요?

• 빠듯한 월급으로 한 달을 버티기 위해 버스비를 아끼거나 도시락을 싸다니는 등, 나만의 눈물겨운 절약 비법이 있었나요?

🏠 재정 계획과 미래

• 내 돈으로 처음 장만했던 의미 있는 물건(양복, 시계, 가구 등)은 무엇이었으며, 그때의 뿌듯함은 어땠나요?

• 월급을 차곡차곡 모아 꼭 이루고 싶었던 가장 큰 목표는 무엇이었나요?(결혼 자금, 내 집 마련, 사업 밑천 등)

왼쪽 페이지에 적은 내용을 바탕으로, 내 힘으로 돈을 벌기 시작했던 때를 적어보세요. 첫 월급봉투를 받았을 때의 설렘, 부모님께 내복 한 벌 사드리며 느꼈던 뿌듯함, 그리고 한 푼이라도 아끼려 애썼던 기억들, 성실하게 땀 흘렸던 그 시절의 모습을 떠오르는 대로 적어보세요.

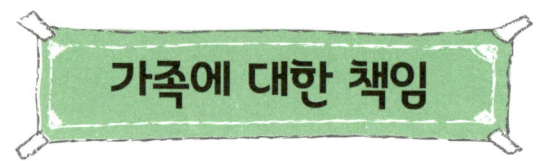

가족에 대한 책임

🏠 가족 안에서의 책임

• 어려운 가정 형편 때문에 진학을 포기했거나, 동생들의 학비나 생계를 위해 내 꿈을 접어야 했던 사연이 있나요?

• 집안의 맏이로서, 혹은 가족의 일원으로서 집안을 일으켜야 한다는 무거운 책임감을 느꼈던 순간은 언제인가요?

🏠 포기와 감정

• 힘들게 번 돈을 가족을 위해 쓰거나 동생들을 뒷바라지하면서, 삶의 무게가 버겁게 느껴지거나 남몰래 서러웠던 적이 있었나요?

• 가족을 위해 내 몫을 포기했던 선택에 대해, 그때는 억울했나요 아니면 자랑스러웠나요?

🏠 시간 속의 배움

• 가족을 위해 치열하게 살았던 그 시절의 나에게, 지금의 내가 해주고 싶은 위로의 말이 있다면 무엇인가요?

• 다시 그때로 돌아간다면, 가족을 위한 희생보다는 나를 위한 삶을 선택하고 싶으신가요?

왼쪽 페이지의 내용을 바탕으로, 나보다 가족이 먼저였던 그 시절을 적어보세요. 동생들의 학비를 대느라 접어야 했던 꿈, 부모님 손에 쥐여드린 꼬깃꼬깃한 생활비, 그리고 남몰래 삼켰던 눈물까지, 가족을 지키기 위해 내 청춘을 바쳤던 그 애틋하고 짠한 이야기를 편안하게 기록해보세요.

군 복무 경험

🏠 군대 생활의 시작

• 입영 영장을 받았을 때의 심정과, 훈련소로 향하던 입영 열차 안에서의 풍경이 기억나시나요?

• 내무반에서 보낸 첫날밤, 고향이나 부모님 생각이 나서 쉽게 잠들기 어려웠던 기억이 있나요?

🏠 군대에서의 에피소드

• 배고프고 춥던 시절, 가장 먹고 싶었던 음식이나 몰래 건빵을 먹었던 추억이 있나요?

• 가족이나 친구에게 받았던 위문편지, 혹은 면회나 휴가 때 겪었던 잊지 못할 에피소드가 있나요?

🏠 전역과 이후

• 전역하던 날 위병소를 나서며 들었던 생각이나, "이제 뭐 먹고 사나" 하던 고민이 기억나시나요?

• 군대에서 배운 인내심이나 습관 중 사회생활에 도움이 되었던 것이 있다면 무엇인가요?

왼쪽 페이지에 적은 내용을 바탕으로, 가장 혈기 왕성했던 군대 시절을 적어보세요. 까까머리로 입영 열차에 오르던 떨림, 어머니가 그리워 남몰래 훔쳤던 눈물, 그리고 배고픔을 함께 견딘 전우들과의 추억, 춥고 힘들었지만 누구보다 뜨거웠던 그 시절의 이야기를 자유롭게 기록해보세요.

🏠 첫 마음의 설렘

• 내 마음을 처음으로 콩닥거리게 했던 첫사랑은 누구였으며, 어떻게 처음 만나게 되었나요?

• 그 사람을 보면 얼굴이 빨개지거나, 멀리서 모습만 봐도 가슴 뛰던 기억이 있나요?

🏠 함께한 시간

• 빵집이나 극장 등 주로 데이트했던 장소는 어디였으며, 함께 나누었던 대화나 약속이 기억나시나요?

• 그 사람을 위해 밤새 쓴 편지나, 정성껏 준비했던 선물에 얽힌 추억이 있나요?

🏠 첫사랑이 남긴 것

• 이루어지지 못한 사랑에 아파했거나, 이별 후 남몰래 눈물 흘렸던 시간이 있었나요?

• 세월이 흐른 지금, 그 시절의 순수했던 사랑을 떠올리면 어떤 마음이 드시나요?

왼쪽 페이지에 적은 내용을 바탕으로, 생애 처음으로 느꼈던 설렘의 순간을 적어보세요. 밤새 썼다 지운 편지, 빵집에서의 수줍은 만남, 콩닥거리던 심장 소리. 지금 곁에 있는 배우자와의 시작일 수도, 가슴 한 켠의 아련한 추억일 수도 있겠지요. 가장 순수했던 그 시절의 마음을 자유롭게 기록해보세요.

제3장

가정과 가족 형성

배우자와의 만남

🏠 첫 만남과 설렘

• 배우자와는 중매(선)로 만나셨나요, 아니면 우연히 만나 연애를 하셨나요? 첫 만남의 장소는 어디였나요?

• 처음 보았을 때의 느낌이나 첫인상은 어땠으며, 서로 어떤 점에 끌리게 되었나요?

🏠 연애 시절

• 연애 시절, 두 분이 주로 만나던 장소는 어디였으며, 만나면 무엇을 하며 시간을 보내셨나요?

• 함께하며 가장 행복했던 기억이나, 반대로 부모님의 반대나 군대 문제 등으로 힘들었던 위기가 있었나요?

🏠 결혼을 약속하던 순간

• "결혼하자"는 말은 누가 먼저 꺼냈으며, 결혼을 결심하게 된 결정적인 계기는 무엇이었나요?

• 결혼 승낙을 받기 위해 인사를 드렸던 날, 양가 부모님의 반응이나 상견례 풍경은 어떠했나요?

왼쪽 페이지에 적은 내용을 바탕으로, 평생의 반려자를 처음 만났던 그 시절을 적어보세요. 어색해서 눈도 못 마주쳤던 맞선 자리, 남들 눈을 피해 나누었던 애틋한 마음, 그리고 떨리는 목소리로 결혼을 약속하던 순간까지, 남남에서 가족이 되어가던 그 소중한 시작을 편안하게 기록해보세요.

결혼식

🏠 잔치 날의 풍경

• 결혼 승낙을 받고 식을 올리기까지, 가장 고마웠던 사람이나 기억에 남는 준비 과정은 무엇인가요?

• 결혼식은 언제, 어디서 올리셨나요? 식장에는 하객들이 많이 오셔서 축하해 주셨나요?

• 하얀 웨딩드레스와 턱시도를 입으셨나요, 아니면 연지곤지 찍고 전통 혼례복을 입으셨나요?

• 식을 올릴 때 너무 긴장해서 절을 잘못했거나 넘어질 뻔했던 등 당일의 재미있는 실수가 있었나요?

🏠 첫날밤과 신혼집

• 신혼여행을 다녀오셨나요? 혹은 여행을 못 가고 바로 신혼살림을 시작하셨나요? 기억에 남는 첫날밤의 추억이 있다면 무엇인가요?

• 신혼살림은 어디서 시작하셨나요? 시부모님을 모시고 살며 겪은 일이나, 단칸방 신혼 생활 중 잊지 못할 추억은 무엇인가요?

왼쪽 페이지에 적은 내용을 바탕으로, 서툴러서 넘어질 뻔했던 예식장. 함 사라고 외치던 친구들의 목소리, 그리고 낯선 신혼방에서의 첫날밤. 이제는 주름진 배우자의 가장 고왔던 시절을 추억하며 기록해보세요.

부부의 삶

🏠 함께한 세월

• 가난이나 자식 문제 등 부부가 함께 넘어야 했던 가장 큰 위기는 무엇이었으며, 어떻게 견뎌내셨나요?

• 살면서 "이 사람 만나길 참 잘했다" 싶었던 고마운 순간이나, 반대로 "내가 졌다, 져" 하며 넘어갔던 순간이 있나요?

🏠 일상과 습관

• 배우자 하면 딱 떠오르는 버릇(술, 잠꼬대 등)이나, 잊지 못할 그 사람만의 음식 솜씨(혹은 좋아하는 음식)가 있나요?

• 부부싸움 후에 화해하던 나만의 방법이나, 서로를 부르던 호칭(여보, 당신, ○○아빠 등)에 얽힌 추억이 있나요?

🏠 배우자에게 전하는 진심

• 다시 태어나도 지금의 배우자와 결혼하실 건가요?(솔직하게 적어보세요!)

• 지금 곁에 있는(혹은 먼저 떠난) 배우자에게, 그동안 쑥스러워 하지 못했던 "미안하다, 고맙다, 사랑한다."는 말을 남겨보세요.

왼쪽 페이지에 적은 내용을 바탕으로, 내 인생의 동반자에게 보내는 편지를 적어보세요. 검은 머리가 파뿌리 되도록 함께한 세월, 지긋지긋하게 싸우다가도 밥상머리에서 화해하던 날들, 이제는 늙고 병들었거나 혹은 그리움으로만 남은 그 사람에게 따뜻한 진심을 전해보세요.

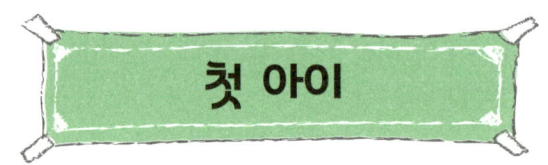

첫 아이

🏠 임신과 출산

• 첫 아이 소식을 들었을 때의 기분은 어땠으며, 태몽이나 임신 중에 유난히 먹고 싶었던 음식이 있었나요?

• 산부인과에서 낳으셨나요, 아니면 집에서 낳으셨나요? 갓 태어난 핏덩이를 처음 품에 안았을 때 어떤 마음이 드셨나요?

🏠 초보 부모

• 매일 천 기저귀를 빨아 널거나, 밤새우는 아이를 업고 달래느라 잠 못 들었던 고생담이 있나요?

• 아이가 한밤중에 열이 펄펄 끓어 업고 뛰었거나, 어디가 아파서 가슴을 졸였던 기억이 있나요?

🏠 성장의 기쁨

• 아이가 처음 "엄마, 아빠" 하고 말을 하거나, 아장아장 첫걸음을 떼던 감격스러운 순간이 기억나시나요?

• 부모가 되고 나서 "아, 나도 이제 진짜 어른이 되었구나" 하고 느꼈던 순간은 언제였나요?

왼쪽 페이지에 적은 내용을 바탕으로, 부모라는 이름을 처음 얻었던 그 시절을 적어보세요. 품에 안았을 때의 묵직한 온기, 찬물에 손 시려가며 빨았던 천 기저귀, 그리고 아픈 아이를 업고 밤새 서성였던 그 마음. 서툴렀지만 자식을 위해 온 힘을 다했던 초보 엄마, 아빠의 이야기를 편안하게 기록해보세요.

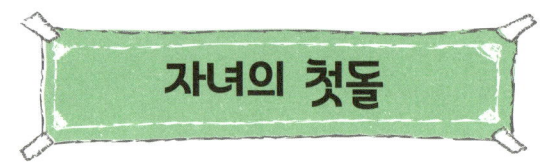

자녀의 첫돌

🏠 돌잔치 준비

• 자녀들의 첫 돌을 모두 챙겨주셨나요? 혹은 형편상 첫째만 해주고 동생들은 조촐하게 넘어간 경우도 있었나요?

• 아이의 건강을 위해 수수팥떡을 해주셨나요? 혹은 미역국과 쌀밥으로 정성껏 상을 차려주셨나요?

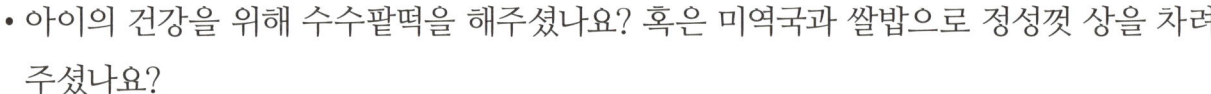

🏠 자녀들의 돌잔치

• 여러 자녀 중 가장 기억에 남는 돌잡이는 누구였으며, 실, 돈, 연필 중 무엇을 집었나요?

• 아이가 돌잡이 물건을 집었을 때, 부모로서 그 아이가 어떤 사람으로 자라길 바라셨나요?

🏠 돌잔치의 기억들

• 기념사진을 찍어 두셨나요? 혹은 사진을 찍지 못했다면, 눈과 마음에 담아둔 그날의 풍경은 어떠했나요?

• 친척이나 이웃들에게 실타래나 옷, 혹은 쌀이나 돈 등 기억에 남는 축하 선물을 받은 것이 있나요?

왼쪽 페이지에 적은 내용을 바탕으로, 아이의 첫 생일날 풍경을 떠올려보세요. 따뜻한 미역국 한 그릇의 정성, 알록달록한 색동옷, 그리고 고사리 손으로 실타래를 잡던 순간, 그저 아프지 말고 건강하게만 자라라며 두 손 모아 빌었던 부모의 간절한 소망을 떠오르는 대로 적어보세요.

자녀 양육

🏠 헌신과 뒷바라지

• 매일 아침 도시락을 여러 개씩 싸거나, 밤늦게 귀가하는 자녀를 기다리며 졸였던 마음이 기억나시나요?

• 학기 때마다 등록금을 마련하느라 동동거렸거나, 자녀 교육을 위해 허리띠를 졸라매었던 기억이 있나요?

🏠 잊지 못할 그날의 풍경

• 자녀의 입학식이나 졸업식 날, 온 가족이 함께 가서 짜장면을 먹거나 사진을 찍었던 추억이 있나요?

• 아이를 엄하게 가르치기 위해 회초리를 들었거나, 반대로 아이가 너무 예뻐서 꼭 안아주었던 순간은 언제인가요?

🏠 부모의 마음

• 자녀가 상장을 받아오거나 좋은 학교에 들어갔을 때, "세상을 다 가진 것 같다"고 느꼈던 순간이 있었나요?

• 돌이켜보면 "그때 더 잘해줄걸, 더 많이 안아줄걸." 하며 자녀에게 미안하거나 아쉬운 점이 있다면 무엇인가요?

왼쪽 페이지에 적은 내용을 바탕으로, 자식을 위해서라면 못 할 것이 없었던 그 시절을 적어보세요. 새벽잠 설치며 싸던 도시락, 등록금 마련을 위해 흘린 땀방울, 내 인생보다 자식의 인생이 더 중요했던 부모로서의 시간을 기록해보세요.

🏠 셋방살이와 첫 문패

• 단칸방이나 셋방살이를 하며 이사를 다니던 시절, 주인집 눈치를 보거나 서러웠던 기억이 있나요?

• 드디어 내 이름으로 된 전셋집을 얻거나, 대문에 첫 문패를 달았을 때의 기분은 어땠나요?

🏠 티끌 모아 태산

• 콩나물 값을 깎거나 가계부를 쓰는 등, 살림을 불리기 위해 억척스럽게 절약했던 나만의 비법이 있었나요?

• 월급날 사 왔던 통닭이나 시장표 옷 한 벌처럼, 빠듯한 살림 속에서도 누렸던 우리 가족만의 소소한 행복은 무엇이었나요?

🏠 밥상머리 풍경

• 온 가족이 밥상에 둘러앉아 찌개 하나 놓고 밥을 먹던 그 시절 저녁 시간의 풍경은 어땠나요?

• 주말이나 휴일에 가족들이 함께 목욕탕을 가거나 나들이를 가는 등 기억에 남는 여가 시간이 있나요?

왼쪽 페이지에 적은 내용을 바탕으로, 맨손으로 시작해 가정을 일구어낸 땀방울을 기록해보세요. 남의 집살이의 설움, 10원 한 장 아끼려 동여맸던 허리띠, 그리고 좁은 방에 모여 앉아 나누던 웃음소리, 가난했지만 꿈이 있어 행복했던 그 시절 우리 집 풍경을 그려보세요.

제4장
중년기와 성숙

- 치열했던 사회생활과 IMF – 일터와 삶의 현장, IMF와 시대의 파도, 사람과 인연
- 가족 부양과 살림 확장 – 늘어가는 살림과 책임, 부모로서의 책임감, 나를 위한 포기
- 자녀의 독립과 결혼 – 빈 둥지의 시작, 자녀의 결혼, 새로운 가족
- 부모님 돌봄과 이별 – 늙어 가시는 부모님, 마지막 배웅, 그리움
- 중년의 사춘기와 빈 둥지 – 몸과 마음의 변화, 빈 둥지의 고독, 인생의 중간 결산

🏠 일터와 삶의 현장

• 직장이나 일터, 혹은 가정을 지키는 현장에서 가장 바쁘게 뛰며 성취감을 느꼈던 시절은
언제였나요?

• 일이나 생업을 이어가며 겪었던 가장 큰 위기나 실수는 무엇이었으며, 그것을 어떻게 수습
하셨나요?

🏠 IMF와 시대의 파도

• 1997년 IMF 외환 위기나 경제적 한파가 닥쳤을 때, 우리 가족은 그 힘든 시기를 어떻게
버텨냈나요?

• 가족의 생계를 책임지거나 살림을 방어하기 위해, 밤잠 설치며 속앓이를 했던 기억이 있
나요?

🏠 사람과 인연

• 힘들 때 서로 의지하며 위로가 되어주었던 직장 동료나 이웃, 혹은 마음 맞던 지인이 있
나요?

• 어느덧 선배나 책임자의 위치에 올랐을 때, 후배들을 이끌며 느꼈던 보람이나 남모를
고충이 있었나요?

왼쪽 페이지에 적은 내용을 바탕으로, 내 인생에서 가장 치열하게 움직였던 시절을 적어보세요. IMF의 거센 파도를 온몸으로 막아내던 간절함. 땀 흘려 일구어낸 성취의 기쁨. 그리고 함께 고생한 사람들과의 추억, 가족을 위해 그리고 나를 위해 쉼 없이 달렸던 그 시간들을 기록해보세요.

🏠 늘어가는 살림과 책임

• 식구가 늘어나면서 더 넓은 집으로 이사를 가거나, 꿈에 그리던 '내 명의의 번듯한 집'을 장만했던 날을 기억하시나요?

• 살림이 조금씩 피면서, 가족들에게 먹고 싶은 것, 입고 싶은 것을 더 이상 참지 않고 사줄 수 있게 되었을 때의 기분은 어땠나요?

🏠 부모로서의 책임감

• 집안의 가장(또는 주부)으로서 가족을 먹여 살리고 책임져야 한다는 부담감이 가장 컸던 시기는 언제였나요?

• 자녀를 키우면서 부모로서 '이것만은 꼭 해줘야 한다.'고 생각했던 것은 무엇이었나요? (교육, 의식주, 경험 등)

🏠 나를 위한 포기

• 자녀들에게는 좋은 메이커 신발이나 옷을 사주면서도, 정작 나는 시장표 옷이나 낡은 구두를 고집했던 기억이 있나요?

• 지나고 보니 "그때 너무 아끼지 말고 우리 부부를 위해 좀 쓸걸." 하고 후회되거나, 돈에 대해 아쉬움이 남는 점이 있나요?

왼쪽 페이지에 적은 내용을 바탕으로, 부모로서 짊어졌던 삶의 무게와 보람을 적어보세요. 넓혀간 평수만큼 늘어난 책임감, 자녀 등록금 고지서를 받아 들었을 때의 한숨, 그리고 묵묵히 그 짐을 함께 나눠 진 배우자의 손, 가족의 울타리를 튼튼하게 지켜낸 그 시절의 뚝심을 기록해보세요.

자녀의 독립과 결혼

🏠 빈 둥지의 시작

• 자녀가 학업이나 취업을 위해 집을 떠나던 날, 텅 빈 방을 보며 어떤 마음이 드셨나요?

• 다 컸다고 생각했던 자녀가 속을 썩이거나, 내 뜻대로 되지 않아 자식 이기는 부모 없음을 실감했던 적이 있나요?

🏠 자녀의 결혼

• 자녀의 결혼을 앞두고 상견례를 하던 날의 긴장감이나, 사위(또는 며느리)를 처음 가족으로 맞이했을 때 기분은 어땠나요?

• 결혼식 날, 자녀의 손을 잡고 식장에 들어가거나 혼주석에 앉아 있을 때 가슴속에서 어떤 말들이 맴돌았나요?

🏠 새로운 가족

• 며느리나 사위, 혹은 사돈과 새로운 가족 관계를 맺으면서 겪었던 재미있는 에피소드나 낯설었던 점은 무엇인가요?

• 출가한 자녀가 잘 살기를 바라는 마음으로, 결혼하는 자녀에게 해주었던 조언이나 당부가 있었나요?

왼쪽 페이지에 적은 내용을 바탕으로, 자식을 품에서 떠나보내던 섭섭하고도 대견한 마음을 적어보세요. 혼주석에 앉아 훔쳤던 눈물, 텅 빈 방에 덩그러니 남은 자녀의 물건들, 그리고 새로운 가족을 맞이한 기쁨. 부모라는 이름으로 졸업장을 받던 그날의 감회를 편안하게 적어보세요.

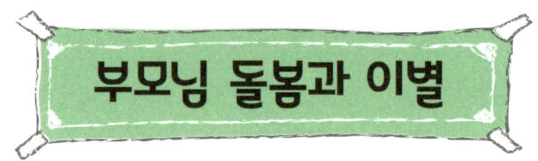

🏠 늙어 가시는 부모님

• 나도 나이가 드니, 어느새 작아지고 쇠약해진 부모님이나 시부모님(처부모님)의 뒷모습을 보며 가슴 아팠던 순간이 있었나요?

• 편찮으신 부모님을 간병하거나 병원을 오가며, 자식이나 며느리(사위)로서 겪었던 고충이나 안타까운 마음이 있나요?

🏠 마지막 배웅

• 부모님(시부모님)의 임종을 지키셨거나, 혹은 갑작스럽게 떠나보내셨던 마지막 이별의 순간이 기억나시나요?

• 장례를 치르고 산소(또는 납골당)에 모시고 돌아오던 길, 세상에 홀로 남겨진 듯 한 허전함을 느끼셨나요?

🏠 그리움

• 떠나신 분들이 문득 사무치게 그리웠던 순간은 언제였으며, 그때 가장 생각나는 그분의 모습(음식, 말씀 등)은 무엇인가요?

• 나도 나이 들어보니 비로소 이해하게 된 부모님(시부모님)의 마음이나, 꼭 전하고 싶은 말이 있다면 무엇인가요?

왼쪽 페이지에 적은 내용을 바탕으로, 부모님(또는 시부모님)의 나이 듦을 지켜보며 느꼈던 만감을 적어보세요. 며느리(자식)로서 겪었던 간병의 고단함, 그리고 어느새 작아져 버린 그분들의 뒷모습, 곁에 계시든 혹은 떠나셨든 더 늦기 전에 전하고 싶은 진심을 편지에 담아보세요.

🏠 몸과 마음의 변화

• 이유 없이 화가 나거나 몸이 아파오는 갱년기를 겪으며, "나도 이제 늙는구나" 하고 서글
퍼졌던 적이 있나요?

• 건강 검진에서 경고를 받거나 체력이 예전 같지 않음을 느끼고, 건강을 위해 운동이나 관
리를 시작한 계기가 있었나요?

🏠 빈 둥지의 고독

• 시끌벅적했던 집안이 자녀들의 독립으로 조용해졌을 때, 텅 빈 방을 보며 느꼈던 허전함
이나 묘한 기분은 어떠했나요?

• 가족을 위해 사느라 잊고 지냈던 '나'를 되찾기 위해, 새롭게 시작한 취미나 모임이 있었나요?

🏠 인생의 중간 결산

• 앞만 보고 달려온 인생을 잠시 멈추고 돌아봤을 때, 가장 후회되거나 혹은 "그래도
잘 살았다"고 스스로를 칭찬해 준 점은 무엇인가요?

• 중년의 끝자락에서, 남은 인생은 오직 나를 위해 즐겁게 살아 야겠다고 마음먹거나
구체적으로 계획한 일(여행, 취미 등)이 있었나요?

왼쪽 페이지에 적은 내용을 바탕으로, 다시 찾아온 사춘기처럼 흔들리며 중년기에 겪었던 몸과 마음의 변화를 적어보세요. 이유 없이 흐르던 갱년기의 눈물, 자식들이 떠난 빈 둥지의 적막함, 그리고 거울 속에 비친 주름진 나의 얼굴, 누구의 엄마와 아빠가 아닌 온전한 '나'를 찾아가던 성숙의 시간을 기록해보세요.

은퇴와 제2의 인생

🏠 짐을 내려놓던 날

• 정들었던 일터나 생업에서 물러나던 날, 시원섭섭한 마음이나 스스로에게 해주었던 말이 있나요?

• 더 이상 아침 일찍 출근하지 않아도 된다는 사실을 깨닫고, 여유로움이나 낯선 기분을 느꼈던 순간은 언제였나요?

🏠 달라진 일상

• 바쁘게 사느라 미처 돌보지 못했던 집안일을 하거나, 배우자와 함께 보내는 시간이 늘어나면서 생긴 변화가 있나요?

• "이제는 쉬어도 된다."는 안도감과 "이제 뭐 하지?" 하는 막막함 사이에서 어떤 마음이 더 크셨나요?

🏠 새로운 역할 찾기

• 은퇴 후 '명함 없는 나'로 살아가기 위해 새롭게 적응해야 했던 점이나, 나만의 하루 일과표가 생겼나요?

• 봉사활동이나 소일거리 등을 통해 사회 속에서 여전히 내 역할이 있다고 느꼈던 순간은 언제인가요?

왼쪽 페이지에 적은 내용을 바탕으로, 치열했던 현역 생활을 마감하고 맞이한 제2의 인생을 적어보세요. 마지막 출근길의 공기, 알람 없이 맞이한 아침의 햇살, 그리고 비로소 찾아온 마음의 여유, 평생을 달려온 나에게 주는 휴식과 새로운 시작의 설렘을 기록해보세요.

내리사랑, 손주

첫 만남의 감동

• 자녀가 낳은 첫 손주를 처음 품에 안았을 때, 그 작고 따뜻한 생명을 보며 어떤 생각이 드셨나요?

• "할머니, 할아버지"하고 처음 나를 부르는 손주의 목소리를 들었을 때의 기분은 어땠나요?

손주와의 추억

• 손주들 재롱을 보며 시간 가는 줄 몰랐거나, 몰래 용돈이나 사탕을 쥐여주며 느꼈던 소소한 행복이 있나요?

• 내 자식을 키울 때는 먹고살기 바빠 몰랐는데, 손주를 보며 "아이 키우는 게 이렇게 예쁜 거구나" 하고 새삼 느낀 점이 있나요?

내리사랑의 마음

• 눈에 넣어도 아프지 않다는 손주들이 앞으로 어떤 세상에서, 어떤 사람으로 자라주기를 바라시나요?

• 훗날 손주들이 나를 떠올릴 때, '어떤 할머니(할아버지)'로 기억해 주기를 바라시나요?

왼쪽 페이지에 적은 내용을 바탕으로, 내 인생의 가장 큰 선물인 손주 이야기를 적어보세요. 주름진 내 손을 꼭 잡던 고사리손, 세상 근심 잊게 만드는 아이의 웃음소리, 그리고 아낌없이 주고 싶은 내리사랑. 부모일 때는 미처 몰랐던 할머니 할아버지가 되어 비로소 알게 된 무조건적인 사랑을 기록해보세요.

🏠 배움과 취미

• 노래교실, 서예, 텃밭 가꾸기 등 노년에 새로 시작한 취미나 배움의 즐거움이 있나요?

• 젊어서는 시간이 없어 못 했지만, 지금이라도 꼭 한번 도전해 보고 싶은 일이 있다면 무엇인가요?

🏠 여행과 나들이

• 마음 맞는 친구들이나 배우자와 함께 떠났던 여행 중 가장 기억에 남는 장소나 에피소드가 있나요?

• 멀리 가지 않더라도 동네 산책이나 등산, 목욕탕 가기 등 나만이 즐기는 소확행(작지만 확실한 행복)은 무엇인가요?

🏠 사람들과의 어울림

• 오랜 벗들과 만나 옛날이야기를 나누거나, 경로당이나 모임에서 사람들과 어울리며 느끼는 즐거움은 어떤가요?

• 나이가 들수록 친구나 이웃이 소중하다고 느꼈던 순간이나, 고마운 인연이 있다면 누구인가요?

왼쪽 페이지에 적은 내용을 바탕으로, 누구의 부모도 아닌 온전히 '나'로 살아가는 즐거움을 적어보세요. 서툴지만 재미있는 노래 교실, 친구들과 떠난 꽃구경, 그리고 텃밭에서 땀 흘린 뒤 마시는 시원한 물 한 잔. 인생의 황혼기에 찾아낸 나만의 보물 같은 시간들을 자유롭게 기록해보세요.

나이 듦과 건강

🔲 몸의 변화 받아들이기

• 눈이 침침해지거나 흰머리가 늘어가는 등, 거울 속 변해가는 내 모습을 보며 "나도 이제 늙었구나." 실감한 순간은 언제인가요?

• 예전 같지 않은 체력이나 여기저기 쑤시는 몸을 달래가며, 나름대로 건강을 지키기 위해 노력하는 습관이 있나요?

🔲 아픔과 회복

• 큰 병치레나 수술을 겪으며 건강의 소중함을 절실히 깨달았거나, 가족들의 간호를 받으며 고마움을 느꼈던 적이 있나요?

• 몸이 아플 때 마음까지 약해지지 않기 위해 스스로에게 해주는 위로의 말이나 다짐이 있다면 무엇인가요?

🔲 삶과 죽음에 대한 생각

• 주변 지인들의 부고를 듣거나 나이 듦을 느낄 때, '잘 늙어간다는 것'은 무엇이라고 생각하시나요?

• 언젠가 다가올 마지막을 생각하며, 남은 인생을 어떻게 채우고 싶으신가요?

왼쪽 페이지에 적은 내용을 바탕으로, 세월의 흔적이 내려앉은 내 몸과 마음을 돌아보세요. 돋보기를 써야 보이는 글씨, 비 오면 쑤시는 무릎, 하지만 그만큼 깊어진 삶의 연륜, 늙어가는 것이 아니라 익어가는 것이라 했던가요. 나이 듦을 담담히 받아들이는 당신의 지혜를 기록해보세요.

마음의 평화와 현재의 가치관

🏠 마음의 의지처

• 종교나 신앙생활, 혹은 명상이나 자연을 통해 마음의 위안과 평화를 얻는 나만의 방법이 있나요?

• 살면서 힘들 때마다 나를 무너지지 않게 지탱해 준 나만의 신념이나 좌우명이 있다면 무엇인가요?

🏠 달라진 가치관

• 젊은 시절에는 목숨 걸고 쫓았지만, 나이가 드니 "그거 별거 아니었네" 하고 욕심을 내려놓게 된 것이 있나요?

• 젊은 시절 중요하게 여겼던 것들과 비교해, 지금 내 삶에서 가장 1순위로 꼽는 것은 무엇인가요?

🏠 일상의 감사

• 아침에 눈을 뜨거나 잠자리에 들 때, 특별한 일이 없어도 문득 "감사하다"고 느끼는 순간이 있나요?

• 거창한 행복은 아니지만, 요즘 나를 미소 짓게 만드는 소소한 즐거움이 있다면 무엇인가요?

왼쪽 페이지에 적은 내용을 바탕으로, 인생의 황혼기에 찾아온 마음의 평화를 적어보세요. 힘들 때마다 붙잡았던 기도, 욕심을 비워낸 자리에 깃든 여유, 그리고 살아있음 자체에 대한 감사, 치열했던 삶의 전쟁터를 지나 비로소 고요해진 당신의 마음 밭을 기록해보세요.

제6장

인생 돌아보기

- 인연의 두 얼굴 – 잊지 못할 은인, 아픈 손가락과 상처, 화해와 떠나보냄
- 잊을 수 없는 고부 관계 – 매운 시집살이의 기억, 미움과 연민 사이, 마음의 해방(해당 시)
- 내 생의 가장 빛나던 순간 – 최고의 전성기, 잊지 못할 장면, 소소한 기쁨
- 파도를 넘어서 – 감당하기 힘들었던 시련, 극복의 원동력, 나에게 주는 위로
- 선택과 가지 않은 길 – 운명의 갈림길, 가지 않은 길, 수용과 긍정
- 아름다운 마무리를 위한 준비 – 마음의 준비, 구체적 준비, 남기고 싶은 것

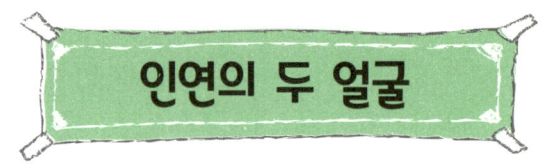

인연의 두 얼굴

🏠 잊지 못할 은인

• 살면서 내가 가장 힘들고 바닥에 있을 때, 손을 내밀어 주었거나 밥 한 끼라도 따뜻하게 챙겨준 은인이 있나요?

• 가족은 아니지만, 내 인생의 길목에서 나를 바른길로 인도해주었거나 큰 영향을 준 스승 (또는 선배)이 있나요?

🏠 아픈 손가락과 상처

• 나에게 씻을 수 없는 상처를 주었거나, 생각하면 아직도 가슴이 답답해지는 미운 사람이 있나요?

• 반대로, 내 미숙함이나 실수로 인해 내가 상처를 주었던 사람에게 이제라도 전하고 싶은 사과의 말이 있나요?

🏠 화해와 떠나보냄

• 가슴 속에 맺혀 있던 미움이나 "원망을 이제 그만 놓아주자." 하고 마음먹게 된 계기나 생각이 있었나요?

• 다시 만날 수 있다면, 술 한 잔(혹은 차 한 잔) 기울이며 묵은 감정을 털어버리고 싶은 사람이 있다면 누구인가요?

왼쪽 페이지에 적은 내용을 바탕으로, 내 인생이라는 연극에 등장했던 수많은 배우들을 떠올려보세요. 절벽 끝에서 나를 잡아준 고마운 손길, 가슴에 못을 박았던 모진 말들, 그리고 이제는 흐릿해진 애증의 얼굴들, 미움도 고마움도 모두 내 삶의 일부였음을 인정하며 마음의 빚을 내려놓는 시간을 가져보세요.

잊을 수 없는 고부 관계

🏠 매운 시집살이의 기억

• '시집살이는 벙어리 3년, 귀머거리 3년'이라던 시절, 시어머니에게 들었던 말 중 가장 가슴 아프거나 서러웠던 말은 무엇인가요?

• 부엌이나 장독대 뒤에서, 혹은 이불을 뒤집어쓰고 시어머니 몰래 눈물 훔쳤던 기억이 있나요?

🏠 미움과 연민 사이

• 그때는 미웠지만, 나도 나이가 드니 "그 양반 인생도 참 기구했다."고 같은 여자로서 연민이 느껴지는 점이 있나요?

• 아무리 호랑이 같은 시어머니였어도, 며느리인 나를 챙겨주었거나 인간적으로 통했던 찰나의 순간이 있었나요?

🏠 마음의 해방

• 만약 지금 시어머니를 다시 만난다면, 며느리로서 따지고 싶거나 혹은 "이제는 다 털어버렸다"고 말해주고 싶은 것이 있나요?

• 그 모진 시집살이를 묵묵히 견뎌내고 가정을 지켜낸 '나 자신'에게, 장하다고 칭찬해 주고 싶은 말은 무엇인가요?

왼쪽 페이지에 적은 내용을 바탕으로, 가슴 속에 묻어두었던 '시집살이' 이야기를 속 시원하게 풀어 보세요. 서러워서 삼켰던 눈물, 맵디매웠던 시어머니의 잔소리, 그리고 그분도 결국은 외로운 여자였음을 알게 된 지금의 마음. 미움도 원망도 이제는 글과 함께 흘려보내고 그 시간을 버텨낸 당신의 세월을 기록해보세요.

내 생의 가장 빛나던 순간

🏠 최고의 전성기

• 지난 삶을 통틀어 "세상을 다 가진 것 같다"고 느꼈거나, 가장 많이 웃었던 최고의 순간은 언제였나요?

• 남들이 뭐라 해도 "이것만큼은 내가 참 잘했다"고 스스로 칭찬해 주고 싶은 나만의 성취나 자랑거리가 있나요?

🏠 잊지 못할 장면

• 사랑하는 사람들과 함께했던 여행이나 잔치 등, 눈을 감으면 그림처럼 떠오르는 가장 행복한 장면이 있나요?

• 살면서 받았던 선물이나 편지 중, 가장 감동적이었거나 아직도 간직하고 있는 보물 1호는 무엇인가요?

🏠 소소한 기쁨

• 거창한 성공은 아니더라도, 퇴근길의 통닭 한 마리나 자식들의 웃음소리처럼 나를 살게 했던 소소한 행복은 무엇이었나요?

• 다시 젊은 시절로 돌아갈 수 있다면, 딱 하루만 다시 살아보고 싶은 '그날'은 언제인가요?

왼쪽 페이지에 적은 내용을 바탕으로, 내 인생의 하이라이트 장면들을 기록해보세요. 심장이 터질 듯 벅찼던 성취의 순간, 가족들과 둘러앉아 웃음꽃 피우던 저녁 밥상, 그리고 낡은 앨범 속에 잠들어 있는 환한 미소들, 팍팍한 삶 속에서도 나를 지탱해주었던 반짝이는 보석 같은 기억들을 꺼내어 기록해보세요.

파도를 넘어서

🏠 감당하기 힘들었던 시련

- 살면서 "더 이상은 못 버티겠다.", "여기가 끝이구나" 싶을 만큼 감당하기 힘들었던 가장 큰 시련이나 위기는 언제였나요?

- 믿었던 사람의 배신, 보증 문제, 혹은 건강 악화 등 예기치 않게 닥쳐왔던 인생의 거센 파도는 무엇이었나요?

🏠 극복의 원동력

- 그 캄캄했던 터널을 어떻게 빠져나오셨나요? 나를 다시 일으켜 세운 것은 가족의 응원이었나요, 아니면 오기였나요?

- 죽을 만큼 힘들었지만, 지나고 보니 "그 일 덕분에 내가 더 단단해졌다"고 느끼게 된 배움이 있나요?

🏠 나에게 주는 위로

- 모진 풍파를 온몸으로 막아내며 여기까지 걸어온 '그 시절의 나'에게, 지금의 내가 해주고 싶은 위로의 한마디는 무엇인가요?

- 만약 인생의 위기를 겪고 있는 젊은이들이 있다면, 먼저 살아본 사람으로서 어떤 말을 해주고 싶으신가요?

왼쪽 페이지에 적은 내용을 바탕으로, 눈물로 얼룩졌던 고난의 시간들을 되돌아보세요. 잠 못 이루던 밤의 한숨, 벼랑 끝에 선 듯한 막막함, 그럼에도 불구하고 다시 신발 끈을 동여매던 당신의 의지, 상처는 아물어 굳은살이 되었고 그 굳은살이 당신을 지키는 갑옷이 되었음을 자랑스럽게 기록해보세요.

선택과 가지 않은 길

🏠 운명의 갈림길

• 배우자 선택, 직업, 이사 등 내 인생의 물줄기를 완전히 바꿔 놓았던 가장 중요했던 '결정적 선택'은 무엇이었나요?

• 그때 그 선택을 하게 된 가장 큰 이유는 무엇이었으며, 지금 돌아봤을 때 그 선택에 만족하시나요?

🏠 가지 않은 길

• "그때 다른 선택을 했더라면 어땠을까?" 하고 가끔 상상하게 되거나, 아쉬움이 남는 '가지 않은 길'이 있나요?

• 살면서 저질렀던 실수나 잘못 중, 시간을 되돌려서라도 꼭 고치고 싶은 일이 있다면 무엇인가요?

🏠 수용과 긍정

• 후회되는 일도 있지만, 그럼에도 불구하고 "그래, 이만하면 잘 살았다"고 내 인생을 긍정하게 되는 이유는 무엇인가요?

• 내 인생의 점수를 매겨본다면 몇 점을 주고 싶으신가요?(부족한 점수는 무엇 때문이라고 생각하시나요?)

왼쪽 페이지에 적은 내용을 바탕으로, 수많은 갈림길에서 고민했던 당신의 선택들을 적어보세요. 가보지 못한 길에 대한 미련, 뼈아픈 실수에 대한 후회, 하지만 그 모든 선택이 모여 지금의 '나'를 만들었다는 사실. 완벽하지 않았기에 더 인간적이었던 당신의 삶을 있는 그대로 기록해보세요.

아름다운 마무리를 위한 준비

🏠 마음의 준비

• 언젠가 다가올 나의 마지막 순간을 상상해 본 적이 있나요? 그때 나는 어떤 모습으로, 누구 곁에 있고 싶으신가요?

• 죽음이 두렵게 느껴지시나요, 아니면 자연스러운 순리로 받아들이시나요? 죽음을 대하는 나의 솔직한 마음은 어떤가요?

🏠 구체적 준비

• 내가 떠난 뒤 자식들이 곤란하지 않도록, 미리 정리해두고 싶은 물건이나 서류(유산, 사진, 일기장 등)가 있나요?

• 연명 치료나 장례 방식(매장, 화장, 수목장 등)에 대해 미리 생각해 두거나 가족들에게 당부하고 싶은 점이 있나요?

🏠 남기고 싶은 것

• 묘비명이나 사람들의 기억 속에, 나는 '어떤 사람'으로 기억되고 싶으신가요?

• 내가 세상에 남길 수 있는 가장 소중한 유산(물질적인 것뿐만 아니라 정신적인 것 포함)은 무엇이라고 생각하시나요?

왼쪽 페이지에 적은 내용을 바탕으로, 소풍을 끝내고 집으로 돌아갈 준비를 하는 마음을 적어보세요. 욕심을 비워낸 가벼운 마음, 떠난 자리에 남을 나의 흔적들, 그리고 사랑하는 사람들에게 기억되고 싶은 나의 마지막 모습. 두려움보다는 담담함으로 아름다운 마무리를 위한 당신만의 준비를 기록해보세요.

제7장

미래를 향한 메시지

나의 삶을 가득 채운 행복 리스트

지금까지의 삶을 돌아보며, 당신을 웃게 하고 감동시켰던 '인생의 모든 소중한 순간들'을 항목별로 자유롭게 적어보세요. 거창한 성공이 아니어도 좋습니다. 가족과의 따뜻한 순간, 일상 속의 작은 감사 등 당신의 삶을 행복하게 해준 모든 것들을 기록해보세요.

번호	나를 행복하게 해준 것	그렇게 생각한 이유
1		
2		
3		
4		
5		
6		
7		
8		
9		
10		

남은 꿈과 희망

몸으로 하는 새로운 경험

• 가족들 챙기느라 미뤄뒀던 일 중에서, 이제는 눈치 보지 않고 마음껏 해보고 싶은 '여행지 방문'이나 '특별한 활동(취미, 스포츠)'은 무엇인가요?

• 새로운 모습으로 자신감을 회복하고 싶다면, 헤어스타일, 의상, 메이크업 등 나의 외모에 어떤 변화를 주고 싶은가요?

지적 성장을 위한 배움

• 젊은 날 포기했지만 지금이라도 다시 용기 내어 배워보고 싶은 '새로운 분야(악기, 외국어, 컴퓨터 등)'가 있다면 무엇이며, 언제 시작할 계획인가요?

• 이 책을 완성한 후, 다음 목표로 세우고 싶은 창작 활동(글쓰기, 그림, 사진)이나 지식 탐구는 무엇인가요?

의미 있는 나눔과 봉사

• 나의 경험과 재능을 활용하여, 지역사회나 이웃을 위해 해보고 싶은 '봉사 활동'이나 '나눔 활동'이 있다면 무엇인가요?

버킷 리스트 실현 계획표

목표, 실행 시기, 함께 할 사람을 적으면 당신의 꿈이 현실이 됩니다. 버킷 리스트를 구체적인 목표로 완성해보세요.

- **목표**: 무엇을 할 것인가?
- **실행 시기**: 언제 시작할 것인가?
- **함께 할 사람**: 누구와 함께 할 것인가?
- **준비할 것**: 돈, 시간, 준비물 등

번호	목표 (무엇을?)	실행 시기 (언제?)	함께 할 사람 (누구와?)	준비할 것 (필요한 것은?)
1				
2				
3				
4				
5				

나에게 보내는 편지

지금까지 자서전을 쓰느라 고생한 당신에게, 지나온 날들의 위로와 남은 날들의 응원을 담아 편지를 써보세요. 이 책을 통해 발견한 자신과의 화해, 그리고 새로운 미래에 대한 기대를 솔직하게 기록해 보세요.

감사의 마음

• 평생을 함께한 가족, 친구, 그리고 인생에서 만난 소중한 분들에게 전하고 싶은 모든 마음을 담아보세요. 미처 표현하지 못했던 감사와 사랑의 말을 적어보세요.

배우자에게 전하는 마음

자녀와 손자들에게 전하는 마음

🏠 부모님께 전하는 마음(돌아가셨다면 하늘에 계신 부모님께)

🏠 형제자매에게 전하는 마음

🏠 그 외 소중한 분들에게 전하는 마음

나의 인생 연표

🏠 표에 인생의 중요한 순간들을 연도별로 기록해보세요.

연도	나이	주요 사건
년	세	출생(출생지)
년	세	초등(국민)학교 입학
년	세	중학교 입학
년	세	고등학교 입학
년	세	고등학교 졸업
년	세	군 입대(해당시)
년	세	전역(해당시)
년	세	첫 직장 입사
년	세	결혼
년	세	첫째 자녀 출생
년	세	둘째 자녀 출생
년	세	셋째 자녀 출생
년	세	내 집 마련
년	세	직장 이직/승진
년	세	부모님 돌아가심
년	세	자녀 결혼
년	세	첫 손주 탄생
년	세	
년	세	
년	세	은퇴

🏠 개인별 중요한 사건들을 기록해보세요.

연도	나이	주요 사건
년	세	
년	세	
년	세	
년	세	
년	세	

🏠 추가로 기록하고 싶은 중요한 해가 있다면 자유롭게 적어보세요.

마무리

🏠 이 책을 작성하면서 느낀 점을 써보세요.

🏠 이 책을 읽을 가족들에게 하고 싶은 말을 써보세요.

작성 완료일: 년   월   일

"우리의 이야기는 끝나지 않고 계속됩니다.
당신의 이야기가 다음 세대에게 지혜와 희망의 등불이 되기를..."

이 책은 지금까지의 삶을 담아낸 기록입니다.
이 기록이 따뜻한 마음의 위로이자,
살아온 날들의 소중한 흔적으로
오래도록 남기를 바랍니다.